9	4	1		2	6		
		1	9		4	8		5
	5			6	3	4	1	9
				1		7		
7		6	4					
1	4	9	7	3				6
		2	3				7	
	8	5		9				
				4	1			

7	6	[illegible]	[illegible]	[illegible]	[illegible]	[illegible]	[illegible]	[illegible]
	1	9					[illegible]	[illegible]
5	8	4		6	9	1		2
	9	5				7		4
4						2		
1		8		9				5
6	2	1	9	5		4		
8		7		1				9
	5		7	8	4	6	2	

	9		4	3		6	8	2
	2				6	4	5	
	6		2					3
8					4	3	6	
1	3			6	8	9	2	
						1		
	8	9		5	7			
5		7				8	1	
	1		8		9			

	3	6		9				4
		5	4			6		7
7		4	5		6		9	
6			2			1	4	3
				8		9	7	
3	5		7		4		2	
9			1		8		3	
	1		9		2		6	
8		2			5	4	1	

8					6		7	1
	5		8		2	9		
	7		1	9	3		5	4
9				1				5
			2		7			9
4	3			8	5	1		
	8	5			9		1	7
7		9						8
6			7	5	8	3		2

	1					7	5	8
			1	3				2
9	7	2	8	5			3	
	9	1			8		7	5
				7	3			4
						9		3
		7	3		1			
		6				1		9
		9	5	6	4		8	7

							1	7
1		5		4	3			
		8			9		3	6
3			9		2	1		5
		2	4				7	
	4	9	1	3			6	
2								4
6	8	1			4	7	5	3
	9	4	3		5		2	

				1	2	5	9	3
9		2						
	1	5	3	7		2		6
	7	8	6		3		2	
3				9	1		6	
6	5		7	2		4	3	
		1						
		6		8	5	3	7	
		3		6				9

		7			8		3	
	1	6		5				9
2	3	9		6				
1	7	8			6	9	2	
		2	1		5	8		3
		5		7				6
9	2		6	3				
7				1	9			2
	5	3	2	8	7	1		

7	9	4		5	3	8		
2	6	8	9	7		5		
5	3		6					
	1	2					8	
	7		4				6	1
6	8	5				3		7
8	5	6			1			
		7						9
	4							

3	9		4	5	1	7		
8	5				9	6	3	4
7	4		8		6		9	
4		3	5					
5		8		6			4	7
			1		8	2	5	3
	7		6	8		3	1	
1	3						7	
	8			1	3	4		5

1	2	5		6			3	9
6	9		3	4	5	7	2	
			2		1	8	6	
	1						7	
				7	6	3		
			9	1	4	2	5	
8		4		3		5	9	
5					9	1	4	3
		1		5	7			2

5	9						7	
7	2		5	9	6	1		4
1	6	3			8			2
9	7	2		5	1		8	
3	5		8	2				
		1		6				3
	8	5	6		9	3		
6	1			8		2		
			2	7				1

8	9			2	6			
2	7	3			4		6	
		5	7	8	9			
				4		2		5
9	2		1		3		4	
5			6	7		1	9	3
6	8		4	9	7		3	1
				3		9		6
	3			6	5	4		

8	2		6		7	1	3	
7	6	4	2				8	9
9	3	1		4		2		6
					2	9		
	9	8						1
6			1	7	9			
2	8		7	1				3
	4		9	2	3	8	1	7
1	7		5		8	4		

1		6			3	9	7	
9		4	2	6	7	3		
	2					8		
5	1	8	7		4			6
						4		
		7	3	8	6		9	
8	9	5	6			1	4	3
6	3		4	5		7		9
	7		1		9			

7				1				
4				9	5		6	
5	2			6		9		1
		1	9	8		3		7
		4	5				2	8
6	8	7	2		3			5
1	6	9			7		5	
8			1	2	9	4		
		2		5	8	7		

				1			7	
1	6		5	3		8		4
	2		4	6		1	5	3
5	4			2		7		
	9	1			3	4		8
		6			4	5		
7	8			4	9		1	5
					5	9		
9	5	2	6			3	4	

				7		1		
2		7	1				9	5
			2	5				3
					1	9		
	1				5			2
6	7	9		4		3	5	1
7				3	8	2	1	6
	8			2	7	4		9
3	4	2	9	1	6	5	8	

4	8			5		6	3	1
		2			4	9	7	8
		1	9		8	4		
		6				1	4	9
		3	6	9	1	5		7
	9	8	4	7	5			6
	1		7			8		3
8		4	3			7		
3	6	7		8		2		

	5				4	6		
4		3	2			9	7	
7		6	1	9	8			
2	3	7		8				
			4		2	5		
5	9	4				3	2	
	1	8		5	3		4	
		2	9	4	1	8		5
			8					9

1					4		6	5
8		3	6	9			2	
	7		1	2		9	4	8
					6	2		
5				1		7		3
		8	9	4				1
4	5						1	
	3	1		5	9		7	
7					1	5		

		7	9			4		1
2	4		7			9		
			5	2				
				1	9	2	8	7
1		8	2		5		4	6
7	6		8		3	1	5	9
		3						2
	2		3			6	7	4
8				6	2			3

			3	5	2		8	1
	2		8	9	4			
	5	4		1		2		
		8	4	3	9		6	2
3		2	5		6	9	1	4
4			7		1	8		5
		1	2				7	8
		7		4		5		9
	8	5	9	7	3		4	6

7	2		4		8		1	3
3	5	6	2	1	7	9	8	4
			3	9			5	2
					9	1	2	
	1	5	8	6			9	
6		3	1	7		5		8
		8		4				1
5	7		6	2				9
1			9		3		7	5

4	6			1	8		3	
				6		2	1	7
	7	9			3			8
5		1		4				
9	8	7				5	4	2
		3	9				8	
3	5		1	7			2	9
2						3		6
7		6					5	

		2			7	4	1	
6	5	1	4					
8	7	4		3		6		
5		9	3			2	4	8
4	8		6		9	5		
	2	3	5	4		7	9	6
						9	5	
			7					4
3	1							2

		1			3	8		
9					6		1	
8	3			2		7	6	9
	9		2		8			1
	1	8	9	4	7	2		6
7				6	1		8	
	5	7	4		2	6		
	8		6			3		7
2	6	3	7		9	1	5	

			6	2	7	5		9
	6	9			8	4	3	
							1	
1	4				5	3		8
3	5	7	4		1			
	8		3	7			5	
7		4		3			6	1
8			7			2		
			8	1	2			5

			6				5	8
			3	8		1	7	
		9	5	1	2		4	
		7			5		3	1
5				6	8	4		7
	4	8	1	3	7		9	
						2	8	
	8	2	7		6	3	1	
	5					7		

			3			6		
6			1			5		
3		7		6	4		1	9
2			8			4		1
8		9		4			6	5
				9				
		2	4	1			5	
9	4	6						8
1	5	3	9				2	

			3	7		9		
		8		5				7
5	3	7	9		8	4		6
6				9				8
8	5		2	6		1		
9		3						
3		2			9	6		4
7	6	9	4	3		8		1
		5						9

				4	7	3		9
					2	7		1
7			9	6	3	4		5
			2	1	5			3
			7	3	9			
3						5	7	2
		8	5		1		3	7
5	7		3	9	4			8
1	2	3						

	6		2			1		8
9		1				2	3	
	8			5	1			
		9						4
	1		4	8			2	
6			5	1	2	9	8	3
		2		7			5	
	5			3	4	8	9	
		8	6	2		3	7	1

6			7		8			5
		2		5				
5				1		7		
3		9	1	7	5		8	4
1	5	7			2			9
			6	9	3			1
4	9		3	2				
		6	5			1		
2					7	4	5	

1	4	9	5	3				
5	6			7				4
						5	6	
			3					
		7	6			3	5	2
	3		8	5	7	4		
				8		1	7	9
	8		7			6		
		3		6	2	8	4	5

		2	4	8	5			6
	8	9	2				4	
5	6					7		
8		5		4	7			9
		1		3		4		7
		6	1	2	9		5	
4		8	7		3		2	1
	1					5		
6			8			3	9	4

4	9	6	2	7		1		8
3			6					
	7			8	4			5
	3	4	5		9	8		1
7		1		3		2	5	
					7			
	4					9		3
6		3				5		
		8		5			1	

2							9	7
	7	9		6			1	8
1	6	8	3			2	4	
				5	1	7		3
	8	5		7		9		1
	1	7		2		4		6
			7	8			3	
8	3	6	9		4			
7	4			3	2	8		

5		1	8	9			2	6
		9		5	2		1	
4				3	6		8	
9		6	5	1		8	4	
		5				9		1
	8	3	2	4	9		5	7
	5	4		6		2	9	8
6	1	8			4			
	9				5		6	

						1		
5			3		1			
1	2	9	7	5				6
	6		4	7		5		1
	8						7	
			6			9	2	
	5		8	3	6		1	
		2	5			3	6	
3		6	1			4	5	

6		9				7		4
3	1		4	6			9	
7	4	5	8	2	9	1	3	6
		2	7	4				8
		3			8	4		
	8	6		1	2	9		3
2		7	1				6	9
							4	7
8	3		9	7	6		2	1

2	4		6		7		9	
3	9	1		8			2	7
	7	5		3	9		8	4
	6	3	8	2			4	5
9		4				2		6
	5		4	9		7		
	1	7	9		8	3		
	3	6				8	7	9
8	2	9		6			5	

2		9	8	4		6	5	
					2		1	8
5	7		1		6	2		3
	4		2		7	3		1
		3	9		1		7	4
7	9	1						6
1	5	7	6	2	8	4		9
	3		7		9			
	8						6	5

7	6		3		5	8	1	
	1	9	6	7		3	4	5
			4	8				
9	7				3		2	6
5		6		2		4	9	
2		1		6	8	5		7
1	8	3			9			
6	2		8		4	9		3
4			7					

	1				2		6	4
7	8		3				1	
2			1	7			9	
6		7	2	4			8	
8			6			2		9
	5		8	1				3
		4			5			6
5				2	1			7
3	2				8		5	

			3					9
	9		1		2			
6	8			4		2	1	7
	7	8			6	4		
	6		7	5	4	1		
	5	1					7	2
8	3				9		5	
			4			9	2	8
				8			4	6

	5	6				1		9
			5			8	2	
1	2		3		4	5		7
	3	2			9	7		
7		9		2			4	8
8		5		7	3			6
	9			1		6	5	
		1	9	5		4		3
5	6		2			9		

				2		3	1	
3		2		1	9	8		4
7		4				5	9	
4	7	5	6		2			
						6	2	
1			3	9		7		
			9			1		3
5	3		7	4	6		8	
	8	9	2	3		4	5	

			4				5	
6		3	5	1	7	2		9
			6	3			1	
	9	1				6		2
8			1					
3			8	6	5		9	1
	3		9	4	1			
		6					2	
4		9		5		1	3	8

6	8	2		1			9	
9		5		8	6	7	4	
4			5	9	2	6	1	
1	4		9	6			8	7
		8	7				3	
			8		3			1
8	2			5	9	3		
		4	2	3	8	1		
3	6			7		8	2	

				9			2	
	9	8	2				1	6
6	4			1			3	5
	2	1	6	5				
	6		8				7	
	5	3	4	7			9	
		5	9				8	3
1		9	5	8		4		
	8			3		2	5	9

2		9	8					7
3				6			5	
		5				3		1
5	3	7	6	9		8		2
9	2					6	7	
		4	5		7			3
7		2	4	8			1	
1	4	3	9	5	6	7	2	8
8		6		1	2		3	4

		3	5		2	4		9
			4			8	3	
4		7		8	6	1		5
	3	4	1					
2					4		5	1
	1	9	7	2			8	4
	2		8	6	1	7		
3	8	6		4	7	5	1	
		1						8

6	4			2	7			3
2	9						6	
	8			1		9	2	4
3				6				5
	5		4		2			
	2							8
8			5		4			
4			7	8		3	5	9
			2	9		4		1

	6			3	1		4	
2		1	4		5		8	6
5	4	8		6	2	1		7
		6		2				
1						8	9	3
	5		1		8			4
4	7	2	6	1				8
	8	9			3			2
	1		2		7			

	9				6	4		
		5	8	1		6	3	
8	6			4		7		2
2		8				9		
		1						3
3						2	4	
5		4	7	2	1			6
		2			3			4
	3		6		4	1		8

1		7	3	6	2	8	5	4
8				5	7			3
2	5						7	
			6	1			8	
	1				3	4	9	6
			8		5	2	3	
7				2		9		
			7	3	8	5	6	2
6		2	5		9			

4	7	8				5	3	1
9		5					4	7
	6	3		4			9	
	9		5			1	6	4
6	4		1	7	9		5	3
3			4		8			9
					4	3		
5		6			1	4		
2		4				9	8	6

		4	9		6		2	
7			1	2	4	3	6	
	2	6		8	3	4		7
	1	7			2	6		4
	6			9	7			
5	4	2	6		1		8	
	5			6		1	7	
		1				8	5	6
		8			5		4	

	6		7		3	1		8
	5	1		4			9	
2	3	8					7	4
		4	5		9	7	2	
5			2	1		8		
		2			8	3		5
9		6		8	2			7
		5	4					2
			9	5	1		8	

9	4	5				8	3	6
1	2					4		9
8		6			9	2		
7		9	6	2	8			1
				9		6	7	2
		4		1				8
				4				3
			9	6	2	7		4
		2			3	9	6	

					2	6		
5	9	6	3			4		2
				6		5	9	
4	6							
9		7	8	1			3	4
	8	3	4		5		6	
7		2	6		3	9	4	5
6	4		5					
		5		4		1	2	6

	6	3			1	2	8	
7				8				
		5	2	3	7		6	4
				2	4			9
	3		9				7	2
2	5			6	3	4		
				9	6			1
		4				8	2	
	8	6	4			7	9	

9	1			8	6		5	4
	6						1	
3	5	7			4			
1	3	6			5	9		
	8				1			7
5			2	3	9	1	8	
7	4		6		2			3
8	9		3	4	7	6	2	1
		3			8			5

	6	2	8			5		
9	4	7	3	6	5			
	5		2	7		6		
				4			5	1
		5	1			4		9
	1		6		2	3	7	8
2	8			3	6	7		
6	7	4		2				
5	9						2	

		7		2	4			9
2		6	9	8		5		4
5	9	4	6			2		
	5					1	6	3
	7	8	3	4		9		
		9			5			8
9	2				8	4	1	5
		1	4		2		9	
6	4	5		3				

1		8	4				6	
		2		7	6		1	
9	4		5		3	7		8
4	8					1		
5		3	9			6	4	
2				5			3	9
	9	1	2		5			
8	2	5	3		9			
6		4		8			9	5

3		5		2	9			6
	6		8					5
2	1	9	7					8
				8	7		1	4
1			6			7	5	
7	9	2				8		
9	2			7	8			1
				6	1	3		7
6	7		3				8	2

		1	9	2		5		
					8	3		2
	2	8	7			1	6	
	3	5	2			8	9	
2	8	9		7	5	6		
	1			3	9		2	5
			6	9	7		8	4
	7	4	5		2	9	3	
	6	2		8		7	5	1

	5	1				7		3
	6	4			9			1
				8	1			
9				7	4			
		5		1	6	4	3	9
4	1	6		9		2		
5			6		7	1		
	4	2	1				5	
1	7	8	9			3		6

			2	3	4		8	
8	4	6			1		3	
		3		6			4	
	5			7				
	8	2					7	
3	7					4		2
2	6		7	9	5			
	1			8		5		6
	3	5		2	6	7	9	

2		8			9			5
			3	8			2	
	3	9		5	4		7	6
4				9				
7	1			3	2		9	4
9	8	5			7		6	
		2	4		8	9		1
			6		3		8	7
8		1			5		4	3

	7		8		5			1
	6	5	9		2			
	2	8	7		1			6
				8	3	5	9	2
2		9		5			7	4
3			2			1		
		6	3			7		5
		2	6	7		4	1	
	3							

	8	9	7				5	
	1				2		4	3
	2			6	5	7	8	
2	3	8	4			9		
4	7	5	2			3	6	8
	9	6				4		7
8				1	7			
		2	6		4	8	7	
7	6					5		

3		8		9		5		1
	2			1	5		4	7
1				2		9		3
7	9	4		3	1	6	8	2
8		3			2	1		9
	1	2	9		6			4
6	3			5	9	2		8
	5			7	8	3		
	8	7	1			4		

2				1				5
8	5	3		7	6	1	9	4
			8			2		7
5	3	1	9	4	2			
9			7		5		1	2
4	7	2						3
	8			9	7	5	2	
7			5		4		8	6
3	2	5					4	

		1	4				9	
9	6	3	2	5			1	4
4					3	7		2
		9	3	6	1			
8			5	7	9	6	2	1
6							3	7
5		7		2				
	8	6				2	4	9
3			9	1	8	5	7	

3	9		5			1		6
	1	2			3			4
	8			4				
4		1	8					
			9	2	1	4		8
8	2			3	4	5	1	7
9	4	8		1	7			5
1	7	5	3		8	2	4	
		6	4			7	8	1

	4				2	8	9	
1								
	9	8		7	3		1	2
7	8	1			5	4	2	6
9	2	5				1		
		6	8		1			
	1			3	4	7	6	5
		7			8		4	1
2	6		5				8	

2		7			8	6	1	5
3				6	7		2	9
				2	1	8		7
	7	4	1				5	6
	1		4			7	8	
		3	8					4
	2					9		8
	4			8				
6			2		4	5		

	8		7	4	5	9		
	7	4	3		9			
5				6	2	8		
	5		9	1		2		
4		7	6		3	5		
		2	8	5			7	
7					8	4	9	
					6	7	1	
		3	2	7			5	

		6		7	9		2	5
9		7		8		6		4
		4	5		6	9	8	7
4		5		6		7		1
1			7	9	5		4	2
			1			5	6	
	4				7		5	
5	7			2	8	4		
6			9	5		2		

		2	6	7	5			1
	7					4		5
			8			9		
	2		3		1			8
	1	5	9	6	7	2	4	
6			2	5			1	9
	5		7					
	4		5	1			7	6
1								

	6		2	1				3
3	1			7			9	4
		7	3	9	8	1	5	
		4		6	3	7		5
	5	3	4			9		
7			8	5				
				8	1		4	
6					2	3	1	9
	7	1	9			5	8	2

		2			4	3	9	5
						4	6	
5			8	9		2		
		3	2		7			6
		8	9	1	6			
6	1		3	4	5	9	8	2
		9					5	
	8	5	6	2	9	7	1	
				5	1			

	4	2			1	3	5	9
7	8			3	9	4		
	9	1	6	4	5		2	7
5	3			1			4	8
1	6	8			4			2
	2			6	8	1	7	3
9	5			2	3	7	8	
2	1				7	9		
			4	9	6		1	5

2				4			7	
3		6					8	1
9	7	8	1	2		4		5
4	9		7	1	8		6	3
		3	4			7	9	8
	6	7		3		1		
		4		9			5	
	8	1	2			3		9
		9			4	6	1	

1	8	2						
		5			3	1	7	6
7		3	9	5	1			
5	3	4	1	9			6	
6	1		5		7			
				4		8		5
3	5	1	8			2		7
	4	6			2			1
9				1	5			3

	4	5				1		2
6						8	7	
2	9	7				5		4
			4	1				
		4	6			2	9	
5			7	2	8	3	4	
		3		9				
		2		3		9	8	7
	5	8	1	7	6	4		

			9	2	6		8	4
	2	6			3		7	9
9	8	5		1	7	6		
1	4					9	2	7
7								8
	9	8	7	3	2		6	
2		4					9	
6		1	3		8			
8		9	2	5				

8	6				1	5	2	9
5	1		8	9				4
2	7	9			6		8	3
7		1	5	6	9	4	3	8
	8		2			7	9	
4	9	5				2	1	
		8	6	7	3	9		
9		2		4	5	8		
6		7	9	2	8	3		

9	2		5		8		1	3
	8		3	2		9	6	4
	1	6	9				8	
		1	8					7
2	7					6	4	
	5		2	7		3		1
	4	9	7	8	2	1	3	
8		2				4		
			4		3	8		5

		5						
3			1			7		5
		7	4	5				
	3		6				5	2
6	5		8		2		7	3
	2			7	5	6		1
2					1		9	4
	4		7	9		5		8
		9			4		6	

7	1	5			8		9	
2				1			5	
8	4	9		6	5	3	1	
3	5	1	9				4	8
9	7		1				2	
	2				3	9		
5	3	7	8	9				
1	8				2	7	3	
	9					1	8	5

7	3	9			5		8	
2						7	3	
	1	6	7	3		9	5	2
	2		8		4			3
					6	1		
		3	5					7
		7			3		1	
		1	4	5	2	3		8
	8	2			7	5	6	4

	6	7		3			2	
3					4		5	9
5	4					3		
4		5	7		8		1	2
	7			1	6		4	3
8	1	6		4	3			5
	9	4			7	2		6
6	5		4			1		7
		8		6	1			

9	5	3	1	6	2			
	8	7		5		2	6	9
		6	9			5		
7		4	5			6		
		5	6	7			9	1
		8	2		1	7		5
			4		9		5	
		1					4	8
4		9	8	1	5			7

2	3	4	7	8				
		1		2		7		8
	8	9	5	4	6		2	1
3	9		6		8	4	1	7
4	5		1	3				6
6	1	8	2	7				
	7	6		9		8	5	3
8			3		7			
9		3		1	5		7	4

4	6		8	9	7			2
	7		2			9	4	
	9	2		1	3	5	6	
6		8		4				
3		9		8	2			
5	2		3		1			9
	5		6			8		1
			5					
					8	2		

		3						
1	8	9		3	2	4		
	5		1		8	3		9
		8	6	9		7		
4	9			2		5	8	6
2		6			5		9	
	2		4	8		6		3
3			5			8	2	
8					3		4	

	5		3		4			
		8		6		5		
9	6	4	8		1	3		2
6	1	3		7		8		
	4	2		3	6			5
5			4	1				3
4	2		7		3	9	5	6
	9	6	1	2		4		8
			6			1		7

8	2					9		
5			3					
	1			6			2	4
6		1	2		9		4	5
2	7	9	6	4	5			1
4		5	1		7		6	9
7			4	5	3	1	9	
	4	3		9	2		5	6
				1		4		7

			1	8			3	2
3	1		2		7	8	5	
	2	7		4		9		6
1					5		7	8
		6						
2	5			1	8	4	6	
9		1					8	3
5			8					
6			3		1		9	

5			8	6		4	3	
8	4	7		1	3			
1	6			5	9		8	2
7		5	1	9				
	1	6						
9	3						5	8
6			7		5			4
						9		
	5				6		1	

6								5
	5		6					8
3	2	8	5		7			9
	4		2	7	5	9		
2		9	4	1	8	3		
						2	8	
			1	5	9	6	7	
1	7					8		2
9				8		5	4	

			6			9		3
		5				7		2
2			7				8	
8	5		4	7	9			1
			2		1			7
7	6	1	3			4	2	9
9	7		5		2			
4	2				7	6		5
5	1				6	2		8

5					6			1
8		7		1			5	
	3	1	7				4	
	7				1	5	9	8
1		8	5				3	4
9	4	5	8			2		
2	5		1	4				7
4			3	2	7	1	6	5
7	1		6	8	5	4		

		8	6					
		1	8	2	3	7	5	4
4			9	5	1			3
8	3						9	
	1	2					4	8
5	4		7	3	8	2		
				6				5
		5			9	1		
6	8				5		2	9

		8			5		3	
	5	7	3	6			2	4
					1		7	5
	6	2		5	9			
		1	7		6	4		2
	3		8		4	9		
		9		1			4	6
		6	4	8	3		9	
3	7				2	5		

		5			9	8		1
9			1	5		2		6
4				8	3	5	7	
				1	5	3		4
2	5	4		7	6	9		8
3		1	9			6		
			4	6		7		5
8			5					3
5					1		8	

		8	6	2	9			5
2	1		3		7	8	6	
	6	9	5			3		4
1	2		9			4		
	8	6						
5	9	4	2			6	7	
		2	8	3	1	5		
		3			2			7
	4		7	5				

		3		9				2
	7	2	3			5	9	8
9		8	2		4		6	
2	5		8			3	7	
3						8		6
		6				9	2	
			6		5	2		
6	2	5		3	7	1	8	
8		7			1	6		4

	4	1	7					
6	7	3	5		2	4		8
2				4	1	6	5	7
9			6	7		1	2	4
		4	9		3			5
			4	2		3		9
8		2	1	3	7	5	4	6
3	5						9	1
4				5				

Grid 1

9				7			8	4
		2	8	5	9	1		
4				3	2	7	5	
5			8	4	9	6	2	3
			2		7			
3		9	6					
	9		2	5				
	7		1		6		9	8
			9	4		6		

Grid 2

5	9		4	8	7		3	2
7	2		9	1				8
8					3	6		9
3	1		6		2	8		
	8	9	7		5	4	6	
4	6	7				2		3
		8				3	2	
		4		6		7	1	5
1		2			4		8	6

Grid 3

		4	6	7	3	2		
	7	6	1	9			8	
	9	3				6		
			1	9				
8		7	4		6		3	2
4	5			3	8			6
			6	1	5			9
		1	8	2	3	4		7
	2	5			7		6	8

Grid 4

1			7			9		5
5			2			4		
				1		6	2	8
9		7			6			
		8			1			
2		1	9	3	7	5		
4	7	2			5	8		
6	1	5			2	7	9	
8	9	3	6	7				2

Grid 5

6	7			8	3			4
	4	8	6			9		7
1	3		2	7	4	5	6	8
4	8		3		6		7	5
				2	8	4		
5	9		7	4		3	2	6
	1	6			5	7		
8	5	4	1		7		9	
3	2	7	8	6	9	4	5	

Grid 6

	6	7	2	9		4		5
				4	8			
8	9		5				7	1
5		3			4			8
			1	5		3	2	
	7			8		5	1	6
		9	8		5			
		8		7	9		3	
			3	6				9

Solutions

8	9	4	1	5	2	6	3	7
3	6	1	9	7	4	8	2	5
2	5	7	8	6	3	4	1	9
5	2	8	6	1	9	7	4	3
7	3	6	4	2	5	1	9	8
1	4	9	7	3	8	2	5	6
9	1	2	3	8	6	5	7	4
4	8	5	2	9	7	3	6	1
6	7	3	5	4	1	9	8	2

7	6	2	8	4	1	9	5	3
3	1	9	5	2	7	8	4	6
5	8	4	3	6	9	1	7	2
2	9	5	6	3	8	7	1	4
4	3	6	1	7	5	2	9	8
1	7	8	4	9	2	3	6	5
6	2	1	9	5	3	4	8	7
8	4	7	2	1	6	5	3	9
9	5	3	7	8	4	6	2	1

7	9	1	4	3	5	6	8	2
3	2	8	7	9	6	4	5	1
4	6	5	2	8	1	7	9	3
8	7	2	9	1	4	3	6	5
1	3	4	5	6	8	9	2	7
9	5	6	3	7	2	1	4	8
6	8	9	1	5	7	2	3	4
5	4	7	6	2	3	8	1	9
2	1	3	8	4	9	5	7	6

1	3	6	8	9	7	2	5	4
2	9	5	4	3	1	6	8	7
7	8	4	5	2	6	3	9	1
6	7	8	2	5	9	1	4	3
4	2	1	6	8	3	9	7	5
3	5	9	7	1	4	8	2	6
9	4	7	1	6	8	5	3	2
5	1	3	9	4	2	7	6	8
8	6	2	3	7	5	4	1	9

8	9	3	5	4	6	2	7	1
1	5	4	8	7	2	9	6	3
2	7	6	1	9	3	8	5	4
9	6	2	3	1	4	7	8	5
5	1	8	2	6	7	4	3	9
4	3	7	9	8	5	1	2	6
3	8	5	4	2	9	6	1	7
7	2	9	6	3	1	5	4	8
6	4	1	7	5	8	3	9	2

6	1	3	4	2	9	7	5	8
4	5	8	1	3	7	6	9	2
9	7	2	8	5	6	4	3	1
3	9	1	6	4	8	2	7	5
2	6	5	9	7	3	8	1	4
7	8	4	2	1	5	9	6	3
8	4	7	3	9	1	5	2	6
5	3	6	7	8	2	1	4	9
1	2	9	5	6	4	3	8	7

9	3	6	5	2	8	4	1	7
1	7	5	6	4	3	9	8	2
4	2	8	7	1	9	5	3	6
3	6	7	9	8	2	1	4	5
8	1	2	4	5	6	3	7	9
5	4	9	1	3	7	2	6	8
2	5	3	8	7	1	6	9	4
6	8	1	2	9	4	7	5	3
7	9	4	3	6	5	8	2	1

8	6	7	4	1	2	5	9	3
9	3	2	8	5	6	1	4	7
4	1	5	3	7	9	2	8	6
1	7	8	6	4	3	9	2	5
3	2	4	5	9	1	7	6	8
6	5	9	7	2	8	4	3	1
7	8	1	9	3	4	6	5	2
2	9	6	1	8	5	3	7	4
5	4	3	2	6	7	8	1	9

5	4	7	9	2	8	6	3	1
8	1	6	7	5	3	2	4	9
2	3	9	4	6	1	7	5	8
1	7	8	3	4	6	9	2	5
4	6	2	1	9	5	8	7	3
3	9	5	8	7	2	4	1	6
9	2	1	6	3	4	5	8	7
7	8	4	5	1	9	3	6	2
6	5	3	2	8	7	1	9	4

7	9	4	1	5	3	8	2	6
2	6	8	9	7	4	5	1	3
5	3	1	6	2	8	7	9	4
4	1	2	3	6	7	9	8	5
9	7	3	4	8	5	2	6	1
6	8	5	2	1	9	3	4	7
8	5	6	7	9	1	4	3	2
3	2	7	8	4	6	1	5	9
1	4	9	5	3	2	6	7	8

3	9	6	4	5	1	7	8	2
8	5	1	2	7	9	6	3	4
7	4	2	8	3	6	5	9	1
4	2	3	5	9	7	1	6	8
5	1	8	3	6	2	9	4	7
9	6	7	1	4	8	2	5	3
2	7	4	6	8	5	3	1	9
1	3	5	9	2	4	8	7	6
6	8	9	7	1	3	4	2	5

1	2	5	7	6	8	4	3	9
6	9	8	3	4	5	7	2	1
3	4	7	2	9	1	8	6	5
4	1	6	5	2	3	9	7	8
2	5	9	8	7	6	3	1	4
7	8	3	9	1	4	2	5	6
8	6	4	1	3	2	5	9	7
5	7	2	6	8	9	1	4	3
9	3	1	4	5	7	6	8	2

5	9	4	1	3	2	6	7	8
7	2	8	5	9	6	1	3	4
1	6	3	7	4	8	9	5	2
9	7	2	3	5	1	4	8	6
3	5	6	8	2	4	7	1	9
8	4	1	9	6	7	5	2	3
2	8	5	6	1	9	3	4	7
6	1	7	4	8	3	2	9	5
4	3	9	2	7	5	8	6	1

8	9	1	3	2	6	7	5	4
2	7	3	5	1	4	8	6	9
4	6	5	7	8	9	3	1	2
3	1	6	9	4	8	2	7	5
9	2	7	1	5	3	6	4	8
5	4	8	6	7	2	1	9	3
6	8	2	4	9	7	5	3	1
7	5	4	2	3	1	9	8	6
1	3	9	8	6	5	4	2	7

8	2	5	6	9	7	1	3	4
7	6	4	2	3	1	5	8	9
9	3	1	8	4	5	2	7	6
4	1	7	3	8	2	9	6	5
3	9	8	4	5	6	7	2	1
6	5	2	1	7	9	3	4	8
2	8	9	7	1	4	6	5	3
5	4	6	9	2	3	8	1	7
1	7	3	5	6	8	4	9	2

1	5	6	8	4	3	9	7	2
9	8	4	2	6	7	3	1	5
7	2	3	9	1	5	8	6	4
5	1	8	7	9	4	2	3	6
3	6	9	5	2	1	4	8	7
2	4	7	3	8	6	5	9	1
8	9	5	6	7	2	1	4	3
6	3	1	4	5	8	7	2	9
4	7	2	1	3	9	6	5	8

7	9	6	3	1	2	5	8	4
4	1	8	7	9	5	2	6	3
5	2	3	8	6	4	9	7	1
2	5	1	9	8	6	3	4	7
9	3	4	5	7	1	6	2	8
6	8	7	2	4	3	1	9	5
1	6	9	4	3	7	8	5	2
8	7	5	1	2	9	4	3	6
3	4	2	6	5	8	7	1	9

4	3	5	9	1	8	2	7	6
1	6	7	5	3	2	8	9	4
8	2	9	4	6	7	1	5	3
5	4	8	1	2	6	7	3	9
2	9	1	7	5	3	4	6	8
3	7	6	8	9	4	5	2	1
7	8	3	2	4	9	6	1	5
6	1	4	3	7	5	9	8	2
9	5	2	6	8	1	3	4	7

9	5	4	6	7	3	1	2	8
2	3	7	1	8	4	6	9	5
8	6	1	2	5	9	7	4	3
5	2	8	3	6	1	9	7	4
4	1	3	7	9	5	8	6	2
6	7	9	8	4	2	3	5	1
7	9	5	4	3	8	2	1	6
1	8	6	5	2	7	4	3	9
3	4	2	9	1	6	5	8	7

4	8	9	2	5	7	6	3	1
6	5	2	1	3	4	9	7	8
7	3	1	9	6	8	4	5	2
5	7	6	8	2	3	1	4	9
2	4	3	6	9	1	5	8	7
1	9	8	4	7	5	3	2	6
9	1	5	7	4	2	8	6	3
8	2	4	3	1	6	7	9	5
3	6	7	5	8	9	2	1	4

1	5	9	3	7	4	6	8	2
4	8	3	2	6	5	9	7	1
7	2	6	1	9	8	4	5	3
2	3	7	5	8	9	1	6	4
8	6	1	4	3	2	5	9	7
5	9	4	6	1	7	3	2	8
9	1	8	7	5	3	2	4	6
6	7	2	9	4	1	8	3	5
3	4	5	8	2	6	7	1	9

1	9	2	7	8	4	3	6	5
8	4	3	6	9	5	1	2	7
6	7	5	1	2	3	9	4	8
9	1	7	5	3	6	2	8	4
5	6	4	2	1	8	7	9	3
3	2	8	9	4	7	6	5	1
4	5	6	3	7	2	8	1	9
2	3	1	8	5	9	4	7	6
7	8	9	4	6	1	5	3	2

5	8	7	9	3	6	4	2	1
2	4	6	7	8	1	9	3	5
3	1	9	5	2	4	7	6	8
4	3	5	6	1	9	2	8	7
1	9	8	2	7	5	3	4	6
7	6	2	8	4	3	1	5	9
6	5	3	4	9	7	8	1	2
9	2	1	3	5	8	6	7	4
8	7	4	1	6	2	5	9	3

7	6	9	3	5	2	4	8	1
1	2	3	8	9	4	6	5	7
8	5	4	6	1	7	2	9	3
5	1	8	4	3	9	7	6	2
3	7	2	5	8	6	9	1	4
4	9	6	7	2	1	8	3	5
9	4	1	2	6	5	3	7	8
6	3	7	1	4	8	5	2	9
2	8	5	9	7	3	1	4	6

7	2	9	4	5	8	6	1	3
3	5	6	2	1	7	9	8	4
8	4	1	3	9	6	7	5	2
4	8	7	5	3	9	1	2	6
2	1	5	8	6	4	3	9	7
6	9	3	1	7	2	5	4	8
9	3	8	7	4	5	2	6	1
5	7	4	6	2	1	8	3	9
1	6	2	9	8	3	4	7	5

4	6	2	7	1	8	9	3	5
8	3	5	4	6	9	2	1	7
1	7	9	2	5	3	4	6	8
5	2	1	8	4	7	6	9	3
9	8	7	6	3	1	5	4	2
6	4	3	9	2	5	7	8	1
3	5	4	1	7	6	8	2	9
2	1	8	5	9	4	3	7	6
7	9	6	3	8	2	1	5	4

9	3	2	8	6	7	4	1	5
6	5	1	4	9	2	3	8	7
8	7	4	1	3	5	6	2	9
5	6	9	3	7	1	2	4	8
4	8	7	6	2	9	5	3	1
1	2	3	5	4	8	7	9	6
7	4	8	2	1	6	9	5	3
2	9	5	7	8	3	1	6	4
3	1	6	9	5	4	8	7	2

6	7	1	5	9	3	8	4	2
9	2	4	8	7	6	5	1	3
8	3	5	1	2	4	7	6	9
3	9	6	2	5	8	4	7	1
5	1	8	9	4	7	2	3	6
7	4	2	3	6	1	9	8	5
1	5	7	4	3	2	6	9	8
4	8	9	6	1	5	3	2	7
2	6	3	7	8	9	1	5	4

4	3	1	6	2	7	5	8	9
2	6	9	1	5	8	4	3	7
5	7	8	9	4	3	6	1	2
1	4	6	2	9	5	3	7	8
3	5	7	4	8	1	9	2	6
9	8	2	3	7	6	1	5	4
7	2	4	5	3	9	8	6	1
8	1	5	7	6	4	2	9	3
6	9	3	8	1	2	7	4	5

3	2	1	6	7	4	9	5	8
4	6	5	3	8	9	1	7	2
8	7	9	5	1	2	6	4	3
6	9	7	2	4	5	8	3	1
5	1	3	9	6	8	4	2	7
2	4	8	1	3	7	5	9	6
7	3	6	4	9	1	2	8	5
9	8	2	7	5	6	3	1	4
1	5	4	8	2	3	7	6	9

5	1	8	3	7	9	6	4	2
6	9	4	1	2	8	5	7	3
3	2	7	5	6	4	8	1	9
2	6	5	8	3	7	4	9	1
8	7	9	2	4	1	3	6	5
4	3	1	6	9	5	2	8	7
7	8	2	4	1	3	9	5	6
9	4	6	7	5	2	1	3	8
1	5	3	9	8	6	7	2	4

2	1	6	3	7	4	9	8	5
4	9	8	1	5	6	2	3	7
5	3	7	9	2	8	4	1	6
6	2	1	5	9	3	7	4	8
8	5	4	2	6	7	1	9	3
9	7	3	8	4	1	5	6	2
3	8	2	7	1	9	6	5	4
7	6	9	4	3	5	8	2	1
1	4	5	6	8	2	3	7	9

2	6	5	1	4	7	3	8	9
9	3	4	8	5	2	7	6	1
7	8	1	9	6	3	4	2	5
6	4	7	2	1	5	8	9	3
8	5	2	7	3	9	1	4	6
3	1	9	4	8	6	5	7	2
4	9	8	5	2	1	6	3	7
5	7	6	3	9	4	2	1	8
1	2	3	6	7	8	9	5	4

5	6	3	2	9	7	1	4	8
9	7	1	8	4	6	2	3	5
2	8	4	3	5	1	7	6	9
8	2	9	7	6	3	5	1	4
3	1	5	4	8	9	6	2	7
6	4	7	5	1	2	9	8	3
1	3	2	9	7	8	4	5	6
7	5	6	1	3	4	8	9	2
4	9	8	6	2	5	3	7	1

6	4	1	7	3	8	9	2	5
9	7	2	4	5	6	3	1	8
5	8	3	2	1	9	7	4	6
3	6	9	1	7	5	2	8	4
1	5	7	8	4	2	6	3	9
8	2	4	6	9	3	5	7	1
4	9	5	3	2	1	8	6	7
7	3	6	5	8	4	1	9	2
2	1	8	9	6	7	4	5	3

1	4	9	5	3	6	2	8	7
5	6	2	1	7	8	9	3	4
3	7	8	2	9	4	5	6	1
4	5	6	3	2	9	7	1	8
8	9	7	6	4	1	3	5	2
2	3	1	8	5	7	4	9	6
6	2	5	4	8	3	1	7	9
9	8	4	7	1	5	6	2	3
7	1	3	9	6	2	8	4	5

1	7	2	4	8	5	9	3	6
3	8	9	2	7	6	1	4	5
5	6	4	3	9	1	7	8	2
8	3	5	6	4	7	2	1	9
9	2	1	5	3	8	4	6	7
7	4	6	1	2	9	8	5	3
4	9	8	7	5	3	6	2	1
2	1	3	9	6	4	5	7	8
6	5	7	8	1	2	3	9	4

4	9	6	2	7	5	1	3	8
3	8	5	6	9	1	7	4	2
1	7	2	3	8	4	6	9	5
2	3	4	5	6	9	8	7	1
7	6	1	4	3	8	2	5	9
8	5	9	1	2	7	3	6	4
5	4	7	8	1	6	9	2	3
6	1	3	9	4	2	5	8	7
9	2	8	7	5	3	4	1	6

2	5	3	1	4	8	6	9	7
4	7	9	2	6	5	3	1	8
1	6	8	3	9	7	2	4	5
9	2	4	6	5	1	7	8	3
6	8	5	4	7	3	9	2	1
3	1	7	8	2	9	4	5	6
5	9	2	7	8	6	1	3	4
8	3	6	9	1	4	5	7	2
7	4	1	5	3	2	8	6	9

5	3	1	8	9	7	4	2	6
8	6	9	4	5	2	7	1	3
4	2	7	1	3	6	5	8	9
9	7	6	5	1	3	8	4	2
2	4	5	6	7	8	9	3	1
1	8	3	2	4	9	6	5	7
3	5	4	7	6	1	2	9	8
6	1	8	9	2	4	3	7	5
7	9	2	3	8	5	1	6	4

6	3	7	2	9	8	1	4	5
5	4	8	3	6	1	7	9	2
1	2	9	7	5	4	8	3	6
9	6	3	4	7	2	5	8	1
2	8	5	9	1	3	6	7	4
4	7	1	6	8	5	9	2	3
7	5	4	8	3	6	2	1	9
8	1	2	5	4	9	3	6	7
3	9	6	1	2	7	4	5	8

6	2	9	3	5	1	7	8	4
3	1	8	4	6	7	2	9	5
7	4	5	8	2	9	1	3	6
5	9	2	7	4	3	6	1	8
1	7	3	6	9	8	4	5	2
4	8	6	5	1	2	9	7	3
2	5	7	1	3	4	8	6	9
9	6	1	2	8	5	3	4	7
8	3	4	9	7	6	5	2	1

2	4	8	6	1	7	5	9	3
3	9	1	5	8	4	6	2	7
6	7	5	2	3	9	1	8	4
7	6	3	8	2	1	9	4	5
9	8	4	3	7	5	2	1	6
1	5	2	4	9	6	7	3	8
4	1	7	9	5	8	3	6	2
5	3	6	1	4	2	8	7	9
8	2	9	7	6	3	4	5	1

2	1	9	8	4	3	6	5	7
3	6	4	5	7	2	9	1	8
5	7	8	1	9	6	2	4	3
6	4	5	2	8	7	3	9	1
8	2	3	9	6	1	5	7	4
7	9	1	4	3	5	8	2	6
1	5	7	6	2	8	4	3	9
4	3	6	7	5	9	1	8	2
9	8	2	3	1	4	7	6	5

7	6	4	3	9	5	8	1	2
8	1	9	6	7	2	3	4	5
3	5	2	4	8	1	7	6	9
9	7	8	5	4	3	1	2	6
5	3	6	1	2	7	4	9	8
2	4	1	9	6	8	5	3	7
1	8	3	2	5	9	6	7	4
6	2	7	8	1	4	9	5	3
4	9	5	7	3	6	2	8	1

9	1	3	5	8	2	7	6	4
7	8	6	3	9	4	5	1	2
2	4	5	1	7	6	3	9	8
6	9	7	2	4	3	1	8	5
8	3	1	6	5	7	2	4	9
4	5	2	8	1	9	6	7	3
1	7	4	9	3	5	8	2	6
5	6	8	4	2	1	9	3	7
3	2	9	7	6	8	4	5	1

1	4	2	3	7	8	5	6	9
7	9	5	1	6	2	8	3	4
6	8	3	9	4	5	2	1	7
3	7	8	2	1	6	4	9	5
2	6	9	7	5	4	1	8	3
4	5	1	8	9	3	6	7	2
8	3	4	6	2	9	7	5	1
5	1	6	4	3	7	9	2	8
9	2	7	5	8	1	3	4	6

4	5	6	7	8	2	1	3	9
9	7	3	5	6	1	8	2	4
1	2	8	3	9	4	5	6	7
6	3	2	8	4	9	7	1	5
7	1	9	6	2	5	3	4	8
8	4	5	1	7	3	2	9	6
3	9	7	4	1	8	6	5	2
2	8	1	9	5	6	4	7	3
5	6	4	2	3	7	9	8	1

9	5	8	4	2	7	3	1	6
3	6	2	5	1	9	8	7	4
7	1	4	8	6	3	5	9	2
4	7	5	6	8	2	9	3	1
8	9	3	1	7	4	6	2	5
1	2	6	3	9	5	7	4	8
2	4	7	9	5	8	1	6	3
5	3	1	7	4	6	2	8	9
6	8	9	2	3	1	4	5	7

7	1	2	4	9	8	3	5	6
6	8	3	5	1	7	2	4	9
9	4	5	6	3	2	8	1	7
5	9	1	3	7	4	6	8	2
8	6	4	1	2	9	5	7	3
3	2	7	8	6	5	4	9	1
2	3	8	9	4	1	7	6	5
1	5	6	7	8	3	9	2	4
4	7	9	2	5	6	1	3	8

6	8	2	4	1	7	5	9	3
9	1	5	3	8	6	7	4	2
4	3	7	5	9	2	6	1	8
1	4	3	9	6	5	2	8	7
2	5	8	7	4	1	9	3	6
7	9	6	8	2	3	4	5	1
8	2	1	6	5	9	3	7	4
5	7	4	2	3	8	1	6	9
3	6	9	1	7	4	8	2	5

5	1	7	3	9	6	8	2	4
3	9	8	2	4	5	7	1	6
6	4	2	7	1	8	9	3	5
7	2	1	6	5	9	3	4	8
9	6	4	8	2	3	5	7	1
8	5	3	4	7	1	6	9	2
2	7	5	9	6	4	1	8	3
1	3	9	5	8	2	4	6	7
4	8	6	1	3	7	2	5	9

2	1	9	8	3	5	4	6	7
3	7	8	1	6	4	2	5	9
4	6	5	2	7	9	3	8	1
5	3	7	6	9	1	8	4	2
9	2	1	3	4	8	6	7	5
6	8	4	5	2	7	1	9	3
7	9	2	4	8	3	5	1	6
1	4	3	9	5	6	7	2	8
8	5	6	7	1	2	9	3	4

8	6	3	5	1	2	4	7	9
1	5	2	4	7	9	8	3	6
4	9	7	3	8	6	1	2	5
6	3	4	1	5	8	2	9	7
2	7	8	6	9	4	3	5	1
5	1	9	7	2	3	6	8	4
9	2	5	8	6	1	7	4	3
3	8	6	9	4	7	5	1	2
7	4	1	2	3	5	9	6	8

6	4	5	9	2	7	8	1	3
2	9	1	8	4	3	5	6	7
7	8	3	6	1	5	9	2	4
3	7	4	1	6	8	2	9	5
9	5	8	4	7	2	1	3	6
1	2	6	3	5	9	7	4	8
8	1	9	5	3	4	6	7	2
4	6	2	7	8	1	3	5	9
5	3	7	2	9	6	4	8	1

9	6	7	8	3	1	2	4	5
2	3	1	4	7	5	9	8	6
5	4	8	9	6	2	1	3	7
8	9	6	3	2	4	5	7	1
1	2	4	7	5	6	8	9	3
7	5	3	1	9	8	6	2	4
4	7	2	6	1	9	3	5	8
6	8	9	5	4	3	7	1	2
3	1	5	2	8	7	4	6	9

1	9	7	2	3	6	4	8	5
4	2	5	8	1	7	6	3	9
8	6	3	5	4	9	7	1	2
2	4	8	3	7	5	9	6	1
9	7	1	4	6	2	8	5	3
3	5	6	1	9	8	2	4	7
5	8	4	7	2	1	3	9	6
6	1	2	9	8	3	5	7	4
7	3	9	6	5	4	1	2	8

1	9	7	3	6	2	8	5	4
8	6	4	9	5	7	1	2	3
2	5	3	4	8	1	6	7	9
3	2	9	6	1	4	7	8	5
5	1	8	2	7	3	4	9	6
4	7	6	8	9	5	2	3	1
7	3	5	1	2	6	9	4	8
9	4	1	7	3	8	5	6	2
6	8	2	5	4	9	3	1	7

4	7	8	2	9	6	5	3	1
9	2	5	8	1	3	6	4	7
1	6	3	7	4	5	2	9	8
8	9	7	5	3	2	1	6	4
6	4	2	1	7	9	8	5	3
3	5	1	4	6	8	7	2	9
7	8	9	6	2	4	3	1	5
5	3	6	9	8	1	4	7	2
2	1	4	3	5	7	9	8	6

3	8	4	9	7	6	5	2	1
7	9	5	1	2	4	3	6	8
1	2	6	5	8	3	4	9	7
9	1	7	8	5	2	6	3	4
8	6	3	4	9	7	2	1	5
5	4	2	6	3	1	7	8	9
4	5	9	2	6	8	1	7	3
2	7	1	3	4	9	8	5	6
6	3	8	7	1	5	9	4	2

4	6	9	7	2	3	1	5	8
7	5	1	8	4	6	2	9	3
2	3	8	1	9	5	6	7	4
6	8	4	5	3	9	7	2	1
5	7	3	2	1	4	8	6	9
1	9	2	6	7	8	3	4	5
9	4	6	3	8	2	5	1	7
8	1	5	4	6	7	9	3	2
3	2	7	9	5	1	4	8	6

9	4	5	2	7	1	8	3	6
1	2	7	8	3	6	4	5	9
8	3	6	4	5	9	2	1	7
7	5	9	6	2	8	3	4	1
3	8	1	5	9	4	6	7	2
2	6	4	3	1	7	5	9	8
6	9	8	7	4	5	1	2	3
5	1	3	9	6	2	7	8	4
4	7	2	1	8	3	9	6	5

1	7	4	9	5	2	6	8	3
5	9	6	3	7	8	4	1	2
3	2	8	1	6	4	5	9	7
4	6	1	2	3	7	8	5	9
9	5	7	8	1	6	2	3	4
2	8	3	4	9	5	7	6	1
7	1	2	6	8	3	9	4	5
6	4	9	5	2	1	3	7	8
8	3	5	7	4	9	1	2	6

9	6	3	5	4	1	2	8	7
7	4	2	6	8	9	1	3	5
8	1	5	2	3	7	9	6	4
6	7	8	1	2	4	3	5	9
4	3	1	9	5	8	6	7	2
2	5	9	7	6	3	4	1	8
3	2	7	8	9	6	5	4	1
1	9	4	3	7	5	8	2	6
5	8	6	4	1	2	7	9	3

9	1	2	7	8	6	3	5	4
4	6	8	5	2	3	7	1	9
3	5	7	1	9	4	2	6	8
1	3	6	8	7	5	9	4	2
2	8	9	4	6	1	5	3	7
5	7	4	2	3	9	1	8	6
7	4	1	6	5	2	8	9	3
8	9	5	3	4	7	6	2	1
6	2	3	9	1	8	4	7	5

1	6	2	8	9	4	5	3	7
9	4	7	3	6	5	1	8	2
3	5	8	2	7	1	6	9	4
8	3	6	7	4	9	2	5	1
7	2	5	1	8	3	4	6	9
4	1	9	6	5	2	3	7	8
2	8	1	9	3	6	7	4	5
6	7	4	5	2	8	9	1	3
5	9	3	4	1	7	8	2	6

8	1	7	5	2	4	6	3	9
2	3	6	9	8	1	5	7	4
5	9	4	6	7	3	2	8	1
4	5	2	8	9	7	1	6	3
1	7	8	3	4	6	9	5	2
3	6	9	2	1	5	7	4	8
9	2	3	7	6	8	4	1	5
7	8	1	4	5	2	3	9	6
6	4	5	1	3	9	8	2	7

1	7	8	4	9	2	5	6	3
3	5	2	8	7	6	9	1	4
9	4	6	5	1	3	7	2	8
4	8	9	6	3	7	1	5	2
5	1	3	9	2	8	6	4	7
2	6	7	1	5	4	8	3	9
7	9	1	2	4	5	3	8	6
8	2	5	3	6	9	4	7	1
6	3	4	7	8	1	2	9	5

3	8	5	4	2	9	1	7	6
4	6	7	8	1	3	9	2	5
2	1	9	7	5	6	4	3	8
5	3	6	9	8	7	2	1	4
1	4	8	6	3	2	7	5	9
7	9	2	1	4	5	8	6	3
9	2	3	5	7	8	6	4	1
8	5	4	2	6	1	3	9	7
6	7	1	3	9	4	5	8	2

3	4	1	9	2	6	5	7	8
7	9	6	1	5	8	3	4	2
5	2	8	7	4	3	1	6	9
4	3	5	2	6	1	8	9	7
2	8	9	4	7	5	6	1	3
6	1	7	8	3	9	4	2	5
1	5	3	6	9	7	2	8	4
8	7	4	5	1	2	9	3	6
9	6	2	3	8	4	7	5	1

8	5	1	4	6	2	7	9	3
3	6	4	7	5	9	8	2	1
2	9	7	3	8	1	5	6	4
9	8	3	2	7	4	6	1	5
7	2	5	8	1	6	4	3	9
4	1	6	5	9	3	2	7	8
5	3	9	6	4	7	1	8	2
6	4	2	1	3	8	9	5	7
1	7	8	9	2	5	3	4	6

7	9	1	2	3	4	6	8	5
8	4	6	9	5	1	2	3	7
5	2	3	8	6	7	9	4	1
1	5	4	3	7	2	8	6	9
6	8	2	5	4	9	1	7	3
3	7	9	6	1	8	4	5	2
2	6	8	7	9	5	3	1	4
9	1	7	4	8	3	5	2	6
4	3	5	1	2	6	7	9	8

2	4	8	7	6	9	1	3	5
6	5	7	3	8	1	4	2	9
1	3	9	2	5	4	8	7	6
4	2	3	5	9	6	7	1	8
7	1	6	8	3	2	5	9	4
9	8	5	1	4	7	3	6	2
3	6	2	4	7	8	9	5	1
5	9	4	6	1	3	2	8	7
8	7	1	9	2	5	6	4	3

9	7	3	8	6	5	2	4	1
1	6	5	9	4	2	8	3	7
4	2	8	7	3	1	9	5	6
6	1	7	4	8	3	5	9	2
2	8	9	1	5	6	3	7	4
3	5	4	2	9	7	1	6	8
8	4	6	3	1	9	7	2	5
5	9	2	6	7	8	4	1	3
7	3	1	5	2	4	6	8	9

6	8	9	7	4	3	1	5	2
5	1	7	9	8	2	6	4	3
3	2	4	1	6	5	7	8	9
2	3	8	4	7	6	9	1	5
4	7	5	2	9	1	3	6	8
1	9	6	3	5	8	4	2	7
8	4	3	5	1	7	2	9	6
9	5	2	6	3	4	8	7	1
7	6	1	8	2	9	5	3	4

3	7	8	6	9	4	5	2	1
9	2	6	3	1	5	8	4	7
1	4	5	8	2	7	9	6	3
7	9	4	5	3	1	6	8	2
8	6	3	7	4	2	1	5	9
5	1	2	9	8	6	7	3	4
6	3	1	4	5	9	2	7	8
4	5	9	2	7	8	3	1	6
2	8	7	1	6	3	4	9	5

2	9	7	4	1	3	8	6	5
8	5	3	2	7	6	1	9	4
1	4	6	8	5	9	2	3	7
5	3	1	9	4	2	6	7	8
9	6	8	7	3	5	4	1	2
4	7	2	1	6	8	9	5	3
6	8	4	3	9	7	5	2	1
7	1	9	5	2	4	3	8	6
3	2	5	6	8	1	7	4	9

2	7	1	4	8	6	3	9	5
9	6	3	2	5	7	8	1	4
4	5	8	1	9	3	7	6	2
7	2	9	3	6	1	4	5	8
8	3	4	5	7	9	6	2	1
6	1	5	8	4	2	9	3	7
5	9	7	6	2	4	1	8	3
1	8	6	7	3	5	2	4	9
3	4	2	9	1	8	5	7	6

3	9	4	5	8	2	1	7	6
6	1	2	7	9	3	8	5	4
5	8	7	1	4	6	3	9	2
4	6	1	8	7	5	9	2	3
7	5	3	9	2	1	4	6	8
8	2	9	6	3	4	5	1	7
9	4	8	2	1	7	6	3	5
1	7	5	3	6	8	2	4	9
2	3	6	4	5	9	7	8	1

6	4	3	1	5	2	8	9	7
1	7	2	6	8	9	3	5	4
5	9	8	4	7	3	6	1	2
7	8	1	3	9	5	4	2	6
9	2	5	7	4	6	1	3	8
4	3	6	8	2	1	5	7	9
8	1	9	2	3	4	7	6	5
3	5	7	9	6	8	2	4	1
2	6	4	5	1	7	9	8	3

2	9	7	3	4	8	6	1	5
3	8	1	5	6	7	4	2	9
4	5	6	9	2	1	8	3	7
8	7	4	1	3	9	2	5	6
9	1	2	4	5	6	7	8	3
5	6	3	8	7	2	1	9	4
7	2	5	6	1	3	9	4	8
1	4	9	7	8	5	3	6	2
6	3	8	2	9	4	5	7	1

2	8	1	7	4	5	9	3	6
6	7	4	3	8	9	1	2	5
5	3	9	1	6	2	8	4	7
3	5	8	9	1	7	2	6	4
4	9	7	6	2	3	5	8	1
1	6	2	8	5	4	3	7	9
7	1	6	5	3	8	4	9	2
8	2	5	4	9	6	7	1	3
9	4	3	2	7	1	6	5	8

8	3	6	4	7	9	1	2	5
9	5	7	2	8	1	6	3	4
2	1	4	5	3	6	9	8	7
4	2	5	8	6	3	7	9	1
1	6	8	7	9	5	3	4	2
7	9	3	1	4	2	5	6	8
3	4	2	6	1	7	8	5	9
5	7	9	3	2	8	4	1	6
6	8	1	9	5	4	2	7	3

4	9	2	6	7	5	3	8	1
3	7	8	1	2	9	4	6	5
5	6	1	8	3	4	9	2	7
7	2	9	3	4	1	6	5	8
8	1	5	9	6	7	2	4	3
6	3	4	2	5	8	7	1	9
2	5	6	7	8	3	1	9	4
9	4	3	5	1	2	8	7	6
1	8	7	4	9	6	5	3	2

5	6	9	2	1	4	8	7	3
3	1	8	6	7	5	2	9	4
2	4	7	3	9	8	1	5	6
8	9	4	1	6	3	7	2	5
1	5	3	4	2	7	9	6	8
7	2	6	8	5	9	4	3	1
9	3	2	5	8	1	6	4	7
6	8	5	7	4	2	3	1	9
4	7	1	9	3	6	5	8	2

8	7	2	1	6	4	3	9	5
3	9	1	5	7	2	4	6	8
5	6	4	8	9	3	2	7	1
9	5	3	2	8	7	1	4	6
2	4	8	9	1	6	5	3	7
6	1	7	3	4	5	9	8	2
1	2	9	7	3	8	6	5	4
4	8	5	6	2	9	7	1	3
7	3	6	4	5	1	8	2	9

6	4	2	7	8	1	3	5	9
7	8	5	2	3	9	4	6	1
3	9	1	6	4	5	8	2	7
5	3	7	9	1	2	6	4	8
1	6	8	3	7	4	5	9	2
4	2	9	5	6	8	1	7	3
9	5	4	1	2	3	7	8	6
2	1	6	8	5	7	9	3	4
8	7	3	4	9	6	2	1	5

2	1	5	8	4	3	9	7	6
3	4	6	5	7	9	2	8	1
9	7	8	1	2	6	4	3	5
4	9	2	7	1	8	5	6	3
1	5	3	4	6	2	7	9	8
8	6	7	9	3	5	1	2	4
7	3	4	6	9	1	8	5	2
6	8	1	2	5	7	3	4	9
5	2	9	3	8	4	6	1	7

1	8	2	6	7	4	5	3	9
4	9	5	2	8	3	1	7	6
7	6	3	9	5	1	4	2	8
5	3	4	1	9	8	7	6	2
6	1	8	5	2	7	3	9	4
2	7	9	3	4	6	8	1	5
3	5	1	8	6	9	2	4	7
8	4	6	7	3	2	9	5	1
9	2	7	4	1	5	6	8	3

8	4	5	9	6	7	1	3	2
6	3	1	2	4	5	8	7	9
2	9	7	3	8	1	5	6	4
3	2	6	4	1	9	7	5	8
7	8	4	6	5	3	2	9	1
5	1	9	7	2	8	3	4	6
4	7	3	8	9	2	6	1	5
1	6	2	5	3	4	9	8	7
9	5	8	1	7	6	4	2	3

3	1	7	9	2	6	5	8	4
4	2	6	5	8	3	1	7	9
9	8	5	4	1	7	6	3	2
1	4	3	8	6	5	9	2	7
7	6	2	1	4	9	3	5	8
5	9	8	7	3	2	4	6	1
2	5	4	6	7	1	8	9	3
6	7	1	3	9	8	2	4	5
8	3	9	2	5	4	7	1	6

8	6	4	7	3	1	5	2	9
5	1	3	8	9	2	6	7	4
2	7	9	4	5	6	1	8	3
7	2	1	5	6	9	4	3	8
3	8	6	2	1	4	7	9	5
4	9	5	3	8	7	2	1	6
1	5	8	6	7	3	9	4	2
9	3	2	1	4	5	8	6	7
6	4	7	9	2	8	3	5	1

9	2	4	5	6	8	7	1	3
7	8	5	3	2	1	9	6	4
3	1	6	9	4	7	5	8	2
4	9	1	8	3	6	2	5	7
2	7	3	1	5	9	6	4	8
6	5	8	2	7	4	3	9	1
5	4	9	7	8	2	1	3	6
8	3	2	6	1	5	4	7	9
1	6	7	4	9	3	8	2	5

4	1	5	9	2	7	8	3	6
3	9	2	1	6	8	7	4	5
8	6	7	4	5	3	2	1	9
7	3	8	6	1	9	4	5	2
6	5	1	8	4	2	9	7	3
9	2	4	3	7	5	6	8	1
2	7	6	5	8	1	3	9	4
1	4	3	7	9	6	5	2	8
5	8	9	2	3	4	1	6	7

7	1	5	4	3	8	2	9	6
2	6	3	7	1	9	8	5	4
8	4	9	2	6	5	3	1	7
3	5	1	9	2	7	6	4	8
9	7	8	1	4	6	5	2	3
4	2	6	5	8	3	9	7	1
5	3	7	8	9	1	4	6	2
1	8	4	6	5	2	7	3	9
6	9	2	3	7	4	1	8	5

7	3	9	2	6	5	4	8	1
2	5	8	1	4	9	7	3	6
4	1	6	7	3	8	9	5	2
1	2	5	8	7	4	6	9	3
8	7	4	3	9	6	1	2	5
6	9	3	5	2	1	8	4	7
5	4	7	6	8	3	2	1	9
9	6	1	4	5	2	3	7	8
3	8	2	9	1	7	5	6	4

9	6	7	1	3	5	4	2	8
3	8	1	6	2	4	7	5	9
5	4	2	8	7	9	3	6	1
4	3	5	7	9	8	6	1	2
2	7	9	5	1	6	8	4	3
8	1	6	2	4	3	9	7	5
1	9	4	3	5	7	2	8	6
6	5	3	4	8	2	1	9	7
7	2	8	9	6	1	5	3	4

9	5	3	1	6	2	8	7	4
1	8	7	3	5	4	2	6	9
2	4	6	9	8	7	5	1	3
7	1	4	5	9	3	6	8	2
3	2	5	6	7	8	4	9	1
6	9	8	2	4	1	7	3	5
8	7	2	4	3	9	1	5	6
5	3	1	7	2	6	9	4	8
4	6	9	8	1	5	3	2	7

2	3	4	7	8	1	9	6	5
5	6	1	9	2	3	7	4	8
7	8	9	5	4	6	3	2	1
3	9	2	6	5	8	4	1	7
4	5	7	1	3	9	2	8	6
6	1	8	2	7	4	5	3	9
1	7	6	4	9	2	8	5	3
8	4	5	3	6	7	1	9	2
9	2	3	8	1	5	6	7	4

4	6	5	8	9	7	1	3	2
1	7	3	2	5	6	9	4	8
8	9	2	4	1	3	5	6	7
6	1	8	9	4	5	7	2	3
3	4	9	7	8	2	6	1	5
5	2	7	3	6	1	4	8	9
2	5	4	6	3	9	8	7	1
7	8	1	5	2	4	3	9	6
9	3	6	1	7	8	2	5	4

7	4	3	9	5	6	2	1	8
1	8	9	7	3	2	4	6	5
6	5	2	1	4	8	3	7	9
5	1	8	6	9	4	7	3	2
4	9	7	3	2	1	5	8	6
2	3	6	8	7	5	1	9	4
9	2	1	4	8	7	6	5	3
3	6	4	5	1	9	8	2	7
8	7	5	2	6	3	9	4	1

2	5	7	3	9	4	6	8	1
1	3	8	2	6	7	5	9	4
9	6	4	8	5	1	3	7	2
6	1	3	5	7	2	8	4	9
8	4	2	9	3	6	7	1	5
5	7	9	4	1	8	2	6	3
4	2	1	7	8	3	9	5	6
7	9	6	1	2	5	4	3	8
3	8	5	6	4	9	1	2	7

8	2	6	5	7	4	9	1	3
5	9	4	3	2	1	6	7	8
3	1	7	9	6	8	5	2	4
6	8	1	2	3	9	7	4	5
2	7	9	6	4	5	3	8	1
4	3	5	1	8	7	2	6	9
7	6	8	4	5	3	1	9	2
1	4	3	7	9	2	8	5	6
9	5	2	8	1	6	4	3	7

4	6	5	1	8	9	7	3	2
3	1	9	2	6	7	8	5	4
8	2	7	5	4	3	9	1	6
1	9	4	6	2	5	3	7	8
7	8	6	9	3	4	5	2	1
2	5	3	7	1	8	4	6	9
9	7	1	4	5	2	6	8	3
5	3	2	8	9	6	1	4	7
6	4	8	3	7	1	2	9	5

5	2	9	8	6	7	4	3	1
8	4	7	2	1	3	5	9	6
1	6	3	4	5	9	7	8	2
7	8	5	1	9	2	6	4	3
4	1	6	5	3	8	2	7	9
9	3	2	6	7	4	1	5	8
6	9	1	7	8	5	3	2	4
2	7	8	3	4	1	9	6	5
3	5	4	9	2	6	8	1	7

6	9	4	8	2	1	7	3	5
7	5	1	6	9	3	4	2	8
3	2	8	5	4	7	1	6	9
8	4	3	2	7	5	9	1	6
2	6	9	4	1	8	3	5	7
5	1	7	9	3	6	2	8	4
4	8	2	1	5	9	6	7	3
1	7	5	3	6	4	8	9	2
9	3	6	7	8	2	5	4	1

1	8	7	6	2	5	9	4	3
6	4	5	8	9	3	7	1	2
2	3	9	7	1	4	5	8	6
8	5	2	4	7	9	3	6	1
3	9	4	2	6	1	8	5	7
7	6	1	3	5	8	4	2	9
9	7	6	5	8	2	1	3	4
4	2	8	1	3	7	6	9	5
5	1	3	9	4	6	2	7	8

5	9	4	2	3	6	8	7	1
8	2	7	9	1	4	6	5	3
6	3	1	7	5	8	9	4	2
3	7	2	4	6	1	5	9	8
1	6	8	5	9	2	7	3	4
9	4	5	8	7	3	2	1	6
2	5	6	1	4	9	3	8	7
4	8	9	3	2	7	1	6	5
7	1	3	6	8	5	4	2	9

3	5	8	6	4	7	9	1	2
9	6	1	8	2	3	7	5	4
4	2	7	9	5	1	6	8	3
8	3	6	2	1	4	5	9	7
7	1	2	5	9	6	3	4	8
5	4	9	7	3	8	2	6	1
1	9	4	3	6	2	8	7	5
2	7	5	4	8	9	1	3	6
6	8	3	1	7	5	4	2	9

1	4	8	2	7	5	6	3	9
9	5	7	3	6	8	1	2	4
6	2	3	9	4	1	8	7	5
4	6	2	1	5	9	7	8	3
8	9	1	7	3	6	4	5	2
7	3	5	8	2	4	9	6	1
2	8	9	5	1	7	3	4	6
5	1	6	4	8	3	2	9	7
3	7	4	6	9	2	5	1	8

7	6	5	2	4	9	8	3	1
9	3	8	1	5	7	2	4	6
4	1	2	6	8	3	5	7	9
6	7	9	8	1	5	3	2	4
2	5	4	3	7	6	9	1	8
3	8	1	9	2	4	6	5	7
1	2	3	4	6	8	7	9	5
8	4	7	5	9	2	1	6	3
5	9	6	7	3	1	4	8	2

4	3	8	6	2	9	7	1	5
2	1	5	3	4	7	8	6	9
7	6	9	5	1	8	3	2	4
1	2	7	9	6	5	4	3	8
3	8	6	1	7	4	9	5	2
5	9	4	2	8	3	6	7	1
9	7	2	8	3	1	5	4	6
6	5	3	4	9	2	1	8	7
8	4	1	7	5	6	2	9	3

5	6	3	7	9	8	4	1	2
4	7	2	3	1	6	5	9	8
9	1	8	2	5	4	7	6	3
2	5	4	8	6	9	3	7	1
3	9	1	5	7	2	8	4	6
7	8	6	1	4	3	9	2	5
1	4	9	6	8	5	2	3	7
6	2	5	4	3	7	1	8	9
8	3	7	9	2	1	6	5	4

5	4	1	7	8	6	9	3	2
6	7	3	5	9	2	4	1	8
2	8	9	3	4	1	6	5	7
9	3	8	6	7	5	1	2	4
7	2	4	9	1	3	8	6	5
1	6	5	4	2	8	3	7	9
8	9	2	1	3	7	5	4	6
3	5	7	8	6	4	2	9	1
4	1	6	2	5	9	7	8	3

9	5	1	6	7	2	3	8	4
7	3	2	4	8	5	9	1	6
4	6	8	9	1	3	2	7	5
5	1	7	8	4	9	6	2	3
8	4	6	3	2	1	7	5	9
3	2	9	5	6	7	8	4	1
6	9	4	2	5	8	1	3	7
2	7	5	1	3	6	4	9	8
1	8	3	7	9	4	5	6	2

5	9	6	4	8	7	1	3	2
7	2	3	9	1	6	5	4	8
8	4	1	5	2	3	6	7	9
3	1	5	6	4	2	8	9	7
2	8	9	7	3	5	4	6	1
4	6	7	8	9	1	2	5	3
6	5	8	1	7	9	3	2	4
9	3	4	2	6	8	7	1	5
1	7	2	3	5	4	9	8	6

1	8	4	6	7	3	2	9	5
2	7	6	1	9	5	4	8	3
5	9	3	8	2	4	6	7	1
6	3	2	7	1	9	8	5	4
8	1	7	4	5	6	9	3	2
4	5	9	2	3	8	7	1	6
7	4	8	3	6	1	5	2	9
9	6	1	5	8	2	3	4	7
3	2	5	9	4	7	1	6	8

1	2	6	7	4	8	9	3	5
5	8	9	2	6	3	4	1	7
7	3	4	5	1	9	6	2	8
9	5	7	8	2	6	3	4	1
3	6	8	4	5	1	2	7	9
2	4	1	9	3	7	5	8	6
4	7	2	1	9	5	8	6	3
6	1	5	3	8	2	7	9	4
8	9	3	6	7	4	1	5	2

6	7	5	9	8	3	2	1	4
2	4	8	6	5	1	9	3	7
1	3	9	2	7	4	5	6	8
4	8	2	3	9	6	1	7	5
7	6	3	5	1	2	8	4	9
5	9	1	7	4	8	3	2	6
9	1	6	4	2	5	7	8	3
8	5	4	1	3	7	6	9	2
3	2	7	8	6	9	4	5	1

3	6	7	2	9	1	4	8	5
1	2	5	7	4	8	9	6	3
8	9	4	5	3	6	2	7	1
5	1	3	6	2	4	7	9	8
9	8	6	1	5	7	3	2	4
4	7	2	9	8	3	5	1	6
2	3	9	8	1	5	6	4	7
6	5	8	4	7	9	1	3	2
7	4	1	3	6	2	8	5	9

www.ingramcontent.com/pod-product-compliance
Lightning Source LLC
Chambersburg PA
CBHW030523220526
45463CB00007B/2691
9781689003803